SUR

LES QUARANTAINES

DANS LES FOYERS D'ÉPIDÉMIES

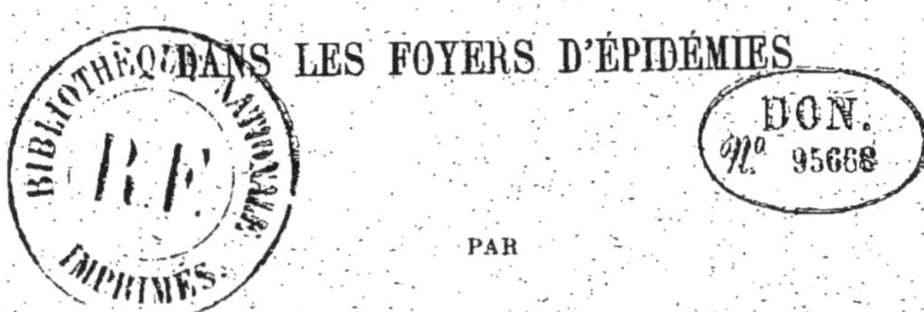

PAR

Le Dr G. KOBLER

Conseiller sanitaire,
médecin en chef de l'hôpital de la Bosnie-Herzégovine, à Sarajevo.

PARIS

IMPRIMERIE DE LA COUR D'APPEL

L. MARETHEUX, Directeur

1, RUE CASSETTE, 1

1900

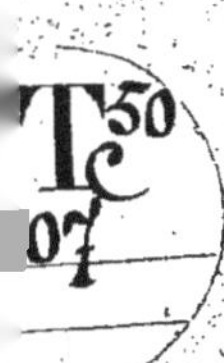

SUR

LES QUARANTAINES

DANS LES FOYERS D'ÉPIDÉMIES

PAR

Le Dr G. KOBLER

Conseiller sanitaire,
médecin en chef de l'hôpital de la Bosnie-Herzégovine, à Sarajevo.

PARIS

IMPRIMERIE DE LA COUR D'APPEL

L. MARETHEUX, Directeur

1, RUE CASSETTE, 1

—

1900

SUR

LES QUARANTAINES

DANS LES FOYERS D'ÉPIDÉMIES

———

Un historien du xixᵉ siècle, en faisant la description de cette époque si importante pour le développement du genre humain, ne pourra pas passer sous silence un fait tel que celui de la lutte incessante que l'Europe a soutenue depuis la troisième période décennale de ce siècle jusqu'à nos jours contre l'importation des deux grandes épidémies asiatiques : le choléra et la peste.

En effet, tous les facteurs qui ont donné à notre époque leur empreinte caractéristique, ont pris part à cette lutte : le prix de plus en plus grand qu'on attache à la santé aussi bien de l'individu que des nations et le besoin toujours grandissant de rapports et d'un trafic commercial libres et sans entraves, favorisé par les progrès étonnants des moyens de communication maritimes et terrestres.

Cette lutte a encore révélé un autre symptôme important pour l'histoire de l'humanité, celui du sentiment de solidarité existant entre toutes les nations de l'Europe. Se voyant toutes ensemble menacées par un même ennemi commun, longtemps avant l'inauguration de congrès communs internationaux traitant d'autres questions, des conférences internationales ont eu lieu pour la discussion des mesures susceptibles d'empêcher l'importation du spectre asiatique.

La première conférence de ce genre fut provoquée par le gouvernement français, et elle eut lieu à Paris, il y a juste un demi-siècle, en 1851. Elle fut suivie d'une autre qui eut également lieu à Paris en 1859, et d'une troisième en 1866, à Constantinople. Une quatrième eut lieu en 1879 à Vienne, une cinquième en 1881 à Washington, et une sixième en 1885 à Rome.

Bien que ces conférences aient beaucoup contribué à préciser la manière de voir relative aux mesures sanitaires internationales et des questions s'y rattachant, elles n'ont cependant pas eu de résultats pratiques à enregistrer parce qu'aucune de ces conférences n'a eu pour conclusion une convention obligatoire, assurant d'une part une action uniforme de toutes les puissances contractantes, et permettant d'autre part, vis-à-vis de l'état de choses existant dans les principaux foyers épidémiques de l'Orient, d'y exercer une pression efficace.

Ce ne furent que les conférences de Venise en 1892 et de Dresde en 1893, ainsi que celle de Paris en 1894, qui eurent pour résultat la conclusion d'une convention pour la prophylaxie du choléra, et la deuxième conférence sanitaire internationale de Venise en 1897, en donnant un sens beaucoup plus large aux dispositions de cette convention, adopta celles-ci en principe pour la peste et leur donna une sanction légale.

Les discussions, qui reflétaient un esprit strictement scientifique, en rapport constant avec les données des découvertes modernes, ont convaincu le public que les efforts tendaient toujours à mettre les exigences de l'hygiène d'accord avec les besoins impérieux des relations et du trafic commercial.

Les suites bienfaisantes des résolutions codifiées dans ces discussions se sont, en effet, déjà souvent fait sentir dans la pratique. Cependant il reste encore beaucoup à faire sous bien des rapports, et mainte lacune reste à combler et à compléter dans la prophylaxie contre les épidémies.

On peut considérer tout d'abord comme une de ces lacunes la question de savoir s'il est opportun et prudent de prescrire ou non des qurantaines aux foyers mêmes des épidémies.

Les dernières conférences diplomatiques internationales, quelles qu'aient été leur importance et la précision des résultats pour toutes les autres questions touchant la préservation contre les épidémies, ont, sciemment ou inconsciemment, volontairement ou involontairement, laissé de côté cette question. La cause en est principalement due à l'esprit qui soufflait des laboratoires et des centres de recherches scientifiques et qui venait se manifester dans les conférences.

Les découvertes immortelles de Pasteur et de R. Koch et de leurs élèves avaient, d'une part, fait connaître les véhicules des maladies infectieuses, d'autre part, tracé la voie par laquelle il était possible d'anéantir promptement et d'une façon plus ou moins certaine le virus contagieux. A la routine aveugle, soutenue par des superstitions vieilles d'un siècle, des partisans obstinés des quarantaines, furent donc opposées des idées plus libérales, dictées par l'humanité et le progrès : constatation en temps utile des maladies, isolement des malades, désinfection radicale des personnes et objets infectés, voilà les principaux points sur lesquels est basée la législation sanitaire internationale moderne; et nous avons la satisfaction de constater que des nations puissantes ont déjà réalisé sur cette base des résultats éminemment avantageux [1].

Les idées radicalement protectionnistes pour le commerce et les relations se sont surtout manifestées à la conférence sanitaire internationale de Dresde, laquelle, il est vrai, ne s'est occupée que des mesures pour l'Europe, par conséquent pour des pays dont les institutions hygiéniques offrent déjà par elles-mêmes la garantie que le germe d'une épidémie importée soit promptement anéanti et où sa propagation dans des pays plus ou moins pourvus d'institutions sanitaires modernes et perfectionnées ne trouverait pas un terrain propice.

Quoi qu'il en soit, des considérations d'un ordre théorique aussi bien que des expériences d'une nature pratique nous amènent à poser la question, si, confiants dans l'efficacité de nos mesures préservatives, nous ne sommes pas allés trop loin, en négligeant d'élever une barrière contre l'importation des épidémies, c'est-à-dire en n'attachant pas assez d'importance à l'établissement de mesures prophylactiques aux foyers mêmes des épidémies.

1. Voir *Pagliani* : Procès-verbaux de la conférence sanitaire de Dresde en 1894, p. 33 et suivantes.

— 6 —

Les considérations théoriques qui nous amènent à poser cette question se résument d'abord dans la constatation logique que du moment où l'on serait parvenu à empêcher toute exportation du germe d'un foyer épidémique, tout danger pour le restant du monde serait écarté; ensuite, dans la réflexion que sur la longue route du foyer de l'épidémie il pourrait surgir des obstacles et des difficultés dans l'exécution des mesures proposées, et dont il serait impossible de vérifier s'ils peuvent être surmontés et écartés.

De ces considérations s'est dégagée l'idée des quarantaines dans les lieux d'origine, aux foyers mêmes des épidémies. Déjà la première conférence de Venise en 1892 s'était occupée de l'idée si simple de saisir les épidémies à leur foyers mêmes et de prescrire l'établissement de mesures de précaution conformes au moment de l'embarquement de voyageurs suspects de choléra [1].

Proust [2], dans un de ses discours introductifs à la Conférence, fit déjà ressortir à quel point toutes les autres mesures prophylactiques pourraient être simplifiées et même rendues superflues, si on se décidait à mieux surveiller dans les endroits infectés l'embarquement des voyageurs, et si notamment, on veillait attentivement à ce que du linge sale ou infecté ne soit pas emporté ou que la désinfection de ces effets soit faite minutieusement.

La première Conférence de Venise dans ses résolutions se tenait toutefois strictement à son programme, — les mesures préservatrices dans le canal de Suez, — ce qui fit qu'au sujet des quarantaines à établir aux lieux de départs les recommandations suivantes très vagues furent seulement faites [3] :

1). Le capitaine du navire a à veiller à ce que des personnes suspectes d'une affection chlolériforme ne soient pas embarquées. Il doit refuser de prendre à bord du linge, des chiffons, vêtements, et en général tous objets sales ou suspects, ainsi que le linge, les vêtements, etc., qui ont appartenu à des malades du choléra ou d'une affection analogue.

2) Lorsqu'un navire a à transporter des émigrants ou des

---

1. La conférence en question ne s'occupait que du choléra, et pas des autres épidémies, telles que la peste, fièvre jaune, etc.
2. Procès-verbaux de la Conférence sanitaire de Venise en 1892, p. 26.
3. *Ibidem*, p. 232, 332 et 341.

troupes, il est désirable que ces émigrants ou ces troupes soient soumis préalablement à leur embarquement, par groupes, à une observation de cinq à six jours, afin de s'assurer si aucun d'eux n'est malade du choléra [1].

Ce deuxième alinéa tiré du Règlement français pour l'embarquement des troupes, fut repris par l'initiative des délégués spéciaux français *Brouardel* et *Catelan*, mais il rencontra l'opposition du délégué anglais, qui s'y opposait vivement dans l'intérêt du mouvement des troupes entre l'Angleterre et les Indes, et il est fort douteux que ces recommandations si anodines de la Conférence de Venise en 1892 aient jamais trouvé une application effective dans un port anglo-hindou quelconque.

Quoi qu'il en soit, dans l'intérêt des mesures sanitaires internationales, il doit être constaté avec satisfaction que la première convention n'a pas été conclue sans une démonstration au moins platonique du danger que présentent certaines catégories de voyageurs telles que les troupes et les émigrants.

Les discussions de la Conférence de Venise ne laissèrent que fort peu de place pour une autre catégorie de voyageurs [2] bien plus dangereuse, celle des pèlerins, et c'est là aussi la raison pourquoi cette catégorie de voyageurs n'a pas été comprise dans la prescription des mesures de contrôle au moment du départ. Cependant on peut hardiment soutenir que si des mesures préservatrices spéciales sont nécessaires pour le transport des troupes et des émigrants, à plus forte raison elles sont indiquées pour le transport des pèlerins.

Car les pèlerins représentent le plus souvent un matériel humain pour la plupart affaiblis par des maladies et des privations, composé en grande partie de vieillards caducs, qui, à des époques fixes et déterminées, se réunit en nombre considérable à un point de départ, pour entreprendre de là le voyage aux lieux des pèlerinages, sur des navires dans des conditions hygiéni-

1. Les autres points se rapportent à des conseils pour l'aménagement du navire, approvionnement d'eau potable pure ou filtrée, etc., et comme ils ne sont pas en cause ici, nous n'en parlons pas.

2. Le programme de cette Conférence était rigoureusement limité. D'ailleurs, la Conférence de Paris, où la question des pèlerins était un des points les plus importants du programme, était déjà en vue,

ques les plus mauvaises, quelquefois même dans des conditions d'existence les plus précaires.

En effet, ce fut par des pèlerins venant des Indes qu'à différentes reprises dans le cours de ce siècle le choléra fut importé dans le Hedjaz et de là propagé dans toutes les directions du vent. Il était donc naturel que la Conférence de Paris en 1894, laquelle avait mis sur son programme, comme un des principaux articles, l'ensemble des questions relatives à la coutume des pèlerinages si sacrée pour les populations mahométannes — questions d'une haute importance pour la sauvegarde de l'Europe — consacrât son attention particulière à la question comment il fallait supprimer le danger provenant des pèlerins avant même qu'ils quittent le lieu de départ, resp. le lieu d'embarquement [1].

Nous avons donc à la Conférence sanitaire internationale de Paris en 1894 une discussion à enregistrer sur la question qui nous occupe, qui a fourni une matière importante pour l'éclaircissement de cette question.

Sur le programme qui fut soumis à la Conférence par le gouvernement français et qui avait pour auteur le célèbre épidémiologue M. Proust, ce savant, en dehors d'autres mesures à prescrire dans les ports des Indes et de l'Asie occidentale, telles que désinfection des effets, inspection médicale et renvoi des voyageurs malades et suspects, etc., mit la proposition suivante en discussion :

Tous les pèlerins doivent être soumis avant leur embarquement à une observation de cinq jours.

Cette proposition, dont le sens impliquait une quarantaine régulière préparatoire, rencontra de l'opposition.

Le danger particulier des pèlerins ne fut pas contesté, et, en conséquence, il fut presque unanimement résolu que tous les pèlerins devaient être soumis immédiatement avant leur embarquement, encore à terre et en plein jour, à une inspection médicale minutieuse [2].

---

1. En 1892, Proust disait déjà : « Il est important de surveiller le retour des pèlerins, mais il est plus important encore de surveiller l'arrivée aux lieux saints de ceux qui viennent des pays contaminés » (Procès-verbal de la Conférence sanitaire de Venise, p. 218); et Brouardel : « Ce qu'il faut faire, c'est empêcher les pèlerins d'apporter les germes du fléau à Kamaran et à ..... » (*Ibidem*, p. 223).

2. La délégation anglaise protectionniste du commerce demanda par amen-

Mais au sujet de la question d'opportunité d'une observation quarantenaire des pèlerins avant leur embarquement, les opinions des délégués des divers Etats furent très divisées.

Quelques-uns, comme par exemple le délégué de la Russie, *M. Ragosine*, étaient d'avis qu'une inspection médicale minutieuse était aussi efficace qu'une observation plus longue, sans avoir les désavantages de cette dernière[1].

Parmi les autres délégués, pour des motifs les plus divers, une opposition se manifesta contre la détention quarantenaire des pèlerins.

En premier lieu, naturellement, de la part de l'Angleterre et spécialement des Indes. Le délégué de l'Office sanitaire des Indes, *Cunningham*, se prononça avec une grande énergie contre cette mesure. D'après lui, elle serait plutôt susceptible de propager le choléra que d'en empêcher la propagation. La plupart des pèlerins venant des contrées non contaminées des Indes trouveraient dans ce Bombay infecté du choléra l'occasion de prendre le germe de la maladie, d'emporter la maladie dans sa période d'incubation sur les navires et de la propager ainsi. On devrait, au contraire, faire tout le possible pour éloigner au plus tôt les pèlerins de Bombay, afin de ne pas les exposer à une contamination. D'ailleurs Bombay, qui est située sur une presqu'île étroite, n'offrirait pas d'emplacement suffisant ni propice pour construire à l'intérieur de la ville les établissements nécessaires pour les quarantaines, et il serait impossible de construire ces établissements en dehors de la ville, parce que cette circonstance occasionnerait des inconvénients considérables pour les préparatifs de voyage des pèlerins. Toutes ces mesures provoqueraient du reste un grand mécontentement parmi la population mahométane et seraient la cause de difficultés administratives auxquelles le gouvernement des Indes ne pourrait pas s'exposer.

Si les délégués des Indes invoquèrent plutôt des raisons d'opportunité pour motiver leur opposition, il leur vint d'un autre

dement que cette mesure ne soit applicable qu'aux bâtiments de pèlerins et non pas aux paquebots ordinaires (Procès-verbal de la Conférence sanitaire de Paris en 1894, p. 258).

1. Ragosine. Conférence de Paris, communication relative à la mer Rouge, en séance.

côté, quoique pour des motifs différents, une aide inattendue.

Pagliani, alors chef de l'Office sanitaire italien, se prononça énergiquement contre l'application et l'opportunité de quarantaines prohibitives, et il communiqua à la conférence quelques faits dignes de remarque de son expérience personnelle. Ces faits se rapportent à la question des émigrants, question aussi pleine de dangers au point de vue sanitaire que celle des pèlerins. Ces faits sont importants et nouveaux dans l'histoire des épidémies et pour cette raison je tiens à les reproduire ici d'après l'exposé original de l'orateur[1].

En 1893, quatre navires chargés d'émigrants furent repoussés des ports de l'Amérique du Sud vers l'Italie, parce que le choléra avait éclaté à bord de ces navires.

Ces quatre navires étaient partis de Naples avec 1.300 à 1.400 personnes à bord; le premier de ces navires, jusqu'à son retour à Asinara (la principale station sanitaire de l'Italie) avait perdu 201 émigrants; le deuxième en avait perdu 108 pendant le voyage et à la station sanitaire; le troisième 20 et le quatrième 193. En outre, un grand nombre de personnes étaient tombées malades et s'étaient rétablies. L'enquête faite sur ce cas avait démontré que la maladie avait choisi ses victimes parmi les émigrants venant des contrées absolument intactes, tandis que le personnel des navires (qui avait habité la ville de Naples contaminée) est resté indemne. A la requête des autorités des États américains où les émigrants avaient l'intention de se rendre, ces derniers avaient été soumis à Naples à une observation de quelques jours, pour constater leur état de santé, et cette mesure bien intentionnée a eu les suites les plus funestes. Pendant ces quelques jours les émigrants avaient pris le germe de la maladie, ce qui est prouvé du reste aussi par le fait que, deux jours après l'embarquement, la maladie s'est déclarée à bord. Pagliani est d'avis que cette catastrophe aurait pu être évitée si dès leur arrivée on les avait embarqués au lieu de les laisser se disséminer parmi toute la ville.

Se basant sur ces expériences, Pagliani se prononça contre une

1. Pagliani. Conférence sanitaire internationale de Paris 1894, 2ᵉ séance.

observation de cinq jours des pèlerins sains, et, d'après ce qu'il vient de dire, il la considère même comme dangereuse.

L'opposition de Cunningham et de Pagliani fut d'abord combattue par *Brouardel* et *Proust*, les auteurs de la proposition, par l'objection que la mesure proposée par eux ne pourrait logiquement être couronnée de succès que si toutes les garanties étaient prises, c'est-à-dire d'isoler avant tout les pèlerins et d'empêcher leur contact avec le territoire contaminé de la ville, par exemple à Bombay. Car il est évident que si cela n'a pas lieu, les pèlerins venant des contrées indemnes dans un foyer épidémique offrent un terrain particulièrement propice pour le virus. Proust exprima l'opinion aussi que les émigrants napolitains se trouvaient dans un état particulièrement favorable pour le germe du choléra. En outre, la désinfection la plus minutieuse et la plus rigoureuse, et la propreté des pèlerins, aussi bien dans les stations d'observation que plus tard sur les navires, devraient être de rigueur pour anéantir tout germe qui pourrait être importé.

Les déclarations de l'américain Dr *Shakespeare* furent particulièrement intéressantes. Il parla sur un cas se rettachant à l'épidémie citée par Pagliani; seulement il avait fait l'expérience contraire à celle relatée par Pagliani. Il est vrai qu'on avait procédé en sens contraire aussi. Un médecin américain, dès qu'il eut connaissance que le choléra avait éclaté à Naples, fit faire avec l'autorisation des autorités italiennes, et délégué *ad hoc*, une désinfection radicale des effets de tous les émigrants sans distinction avant leur départ pour New-York, prescrivit toutes les mesures hygiéniques et leur fit subir une observation rigoureuse correspondant à la durée d'incubation du choléra.

Sur tous les navires où ces mesures avaient été prises, pas un seul cas de choléra ne s'est déclaré !

Shakespeare contesta également l'assertion du délégué des Indes, qu'il n'y eût pas à Bombay un emplacement convenable pour l'installation d'un lazaret d'isolement. Avec un plan de l'Administration anglaise à l'appui, il démontra qu'il y a des hauteurs autour de Bombay où l'on peut établir une station d'observation parfaitement à l'abri des dangers que peut causer le terrain d'alluvion de la ville de Bombay.

La suite de la discussion amena encore maints arguments pour ou contre la proposition ; finalement il fut admis que l'embarquement sur des navires de pèlerins ne pourra avoir lieu, quand les voyageurs n'auront été soumis par groupes à une observation qui aurait donné la certitude qu'aucun d'eux ne soit malade du choléra. Toutefois, à l'exécution pratique de cette résolution vint s'opposer un amendement additionnel, déclarant qu'il était bien entendu que chaque gouvernement pour l'exécution de cette mesure pouvait tenir compte des circonstances et des facilités locales.

Il est évident que le gouvernement anglo-hindou déclarera toujours les circonstances et les facilités locales de telle nature qu'il ne lui soit pas possible d'établir dans les ports des Indes, spécialement à Bombay, une quarantaine préventive de cinq jours, de sorte que pour le moment tout reste en son ancien état.

La Conférence de Venise en 1897 contre la peste se tint sur une réserve encore plus grande concernant la question de détails des quarantaines de pèlerins. *Brouardel*, le célèbre hygiéniste qui était le représentant de la France, proposa, il est vrai, que la stipulation susmentionnée de la Conférence contre le choléra fût également appliquée à la peste, en portant le délai d'observation à dix jours, correspondant à la durée plus longue d'incubation de la peste. Mais la Conférence adopta une rédaction beaucoup moins rigoureuse en déclarant que l'embarquement sur des navires de pèlerins dans des ports contaminés de la peste ne pourra avoir lieu que quand les pèlerins auront été soumis par groupes à une observation qui aura démontré qu'aucun d'eux n'est malade de la peste.

De tout cela il résulte que, par ces codifications, l'embarquement d'individus déjà malades du choléra ou de la peste pourra être empêché, mais que les mesures ne sont pas suffisantes pour empêcher l'embarquement de personnes qui, sans montrer des symptômes manifestes, portent en elles le germe de la maladie dans la période d'incubation et que de cette manière une épidémie pourra être propagée et importée.

En présence de cette situation, notamment en considération de l'impossibilité d'établir une quarantaine préventive aux lieux de départ des pèlerins, laquelle d'ailleurs est considérée de divers côtés comme directement nuisible, il n'y a qu'une seule mesure qui pourra empêcher efficacement la propagation des épidémies par les pèlerins, lesquels représentent les facteurs de propagation les plus dangereux, c'est l'interdiction absolue de laisser partir des pèlerins des contrées contaminées.

Cependant les pèlerinages sont une loi importante de la religion mahométane, et il n'est guère possible d'interdire purement et simplement un des préceptes les plus sacrés de la religion de l'Islam. Il s'ensuit qu'aucun gouvernement dans les pays où les musulmans forment un chiffre important de la population, ne se décidera à la légère d'interdire les pèlerinages au Hedjaz, pour la raison que les pèlerins se rendant aux lieux sacrés pourront le cas échéant y contracter le germe de l'épidémie, ou parce qu'à leur retour ils pourront importer l'épidémie au pays natal. Le danger de trouver la mort pendant le pèlerinage est plutôt fait pour surexciter le fanatisme religieux et pour stimuler le musulman à entreprendre le pèlerinage. Du reste, au moment du départ des pèlerins de leurs pays, il n'existe ordinairement aucune épidémie au Hedjaz ; celle-ci éclate seulement lorsque les pèlerins arrivent des contrées asiatiques où l'épidémie règne en permanence.

Cette circonstance est parfaitement connue des musulmans qui, résidant dans des contrées non contaminées, font des pèlerinages à la Mecque. Aussi ne comprennent-ils pas la nécessité d'une interdiction des pèlerinages lorsque, au moment du départ de leur pays natal, l'état sanitaire au Hedjaz ne laisse rien à désirer.

Quelques Etats, tels que la Bulgarie, la Russie et dans le temps aussi la France, ont interdit d'une façon générale les pèlerinages, mais sans efficacité décisive, ainsi que le résultat l'a prouvé. Aussi la plupart des gouvernements que cette question intéresse comprennent-ils l'inutilité, voire même le danger de l'interdiction des pèlerinages, parce qu'ils sont persuadés que les personnes qui veulent se rendre aux lieux saints trouveront de toute façon les moyens pour s'y rendre secrètement et par des chemins détournés à travers les pays étrangers. Et aucun gouvernement n'ira jusqu'à interdire à ses sujets de franchir les frontières du pays. Dans l'impossibilité absolue d'interdire les pèlerinages, les gouvernements ne feraient que se priver du contrôle sanitaire efficace qu'ils peuvent exercer sur les pèlerins à leur retour, contrôle tel que par exemple la Bosnie-Herzégovine l'exerce depuis des années d'une manière parfaite sur les pèlerins qui reviennent du Hedjaz, et cela dans l'intérêt et au profit de son propre pays et des pays européens voisins. Mais il en est tout autrement des interdictions de pèlerinages pour les pays où règne déjà une épidémie, notamment le choléra ou la peste. Il est certain que le sentiment religieux des musulmans ne serait pas blessé par une mesure dont ils reconnaîtraient eux-mêmes l'opportunité, même la nécessité pour la protection des lieux de pèlerinages. Du reste, le Prophète lui-même a dit : « Vous ne quitterez pas un pays contaminé pour ne pas avoir l'apparence de fuir la volonté de Dieu[1] ».

Il est vrai qu'en 1897, l'Angleterre aussi, sous la pression de l'opinion hostile aux pèlerinages qui s'est manifestée alors à la conférence internationale de Venise, a interdit aux pèlerins des Indes de sortir du pays, où régnait alors la peste.

Mais ce dont il s'agit, c'est, qu'au moyen d'une entente internationale, la résolution soit prise sous forme d'une thèse, dont la rédaction incomberait au Congrès hygiénique siégeant actuellement, par laquelle les pèlerinages de pays contaminés soient absolument interdits.

Il n'est certes pas sans intérêt de voir un médecin musulman, le Dr Salih Poubhy, faire une proposition analogue dans un mémoire soumis à l'avant-dernier Congrès pour l'hygiène et la démographie à Budapest. Il proposait de réserver aux pèlerins, des pays contaminés, c'est-à-dire aux Indes, à l'Asie occidentale, etc., les années à nombres impairs (donc 1893, 1895, 1897, 1899, etc.) et de réserver aux pays septentrionaux, c'est-à-dire à la Turquie, la Syrie, l'Egypte, la Bosnie, etc., où ni le choléra, ni

---

1. Il est vrai que le prophète dit aussi :

« Vous éviterez d'entrer dans un pays contaminé pour respecter la volonté divine ». Mais au moment où les pèlerins partent, il n'existe pas encore d'épidémie au Hedjaz, ainsi que nous l'avons déjà dit plus haut.

la peste ne règnent de façon endémique, les années à nombres pairs pour les pèlerinages au Hedjaz.

Cette idée est également dictée par le mobile d'éviter le contact entre pèlerins de pays contaminés et de pays indemnes de toute épidémie. Mais ce but pourra être atteint d'une manière bien plus efficace par l'interdiction absolue des pèlerinages pour tous les pays *contaminés*; et propager cette idée, tel est le but du présent mémoire.

Paris. — L. MARETHEUX, imprimeur, 1, rue Cassette, — 9245.